看图说故事

下面 4 幅图发生了什么事情，请你说说看。

1

看图说故事

说说看，长颈鹿、兔子和乌龟在做什么呢？

看图说故事

今天小海豹欢欢出海钓鱼。请观察下面的图，说说看发生了什么事情。

过年的时候，、带

去家。我收到了。

我想拿去买和。

可是，说要，以后，

可以买。

家后院有个，请

和到家里玩。用

把挖到里，先用

装倒进里拌一拌，然后用

把做成，再用堆。

看图说故事——布置圣诞树

 请 一起布置 。

在 下放 ，希望 帮忙看看

 来了没有。 最喜欢 ，

所以把 和  都挂在 的最上

面，也想请 看看 来了没有。

6

有、、

、6 个 香 包。 把 香 包 拿

出 来 和 、一 起 玩。 请 和

挑 1 个 自 己 喜 欢 的 香 包， 挑 了

，挑 了 。

7

猜一猜

"有时像小船，有时像玉盘。你跑它也跑，总想跟你玩。"请猜猜是什么东西？依照1黄色，2蓝色，3橙色的指示涂上颜色就知道答案了。

圆的和方的

请妈妈帮忙念出下面的文字，然后看看对应的是哪幅图，在〇中写上图画的号码。

3 方的标志 〇 方的钟 〇 方的饼干

〇 圆的标志 〇 圆的钟 〇 圆的饼干

圈出正确的字

天桥上，有个小朋友正在下楼梯，还有个小朋友正在上楼梯，请分别圈出"下"和"上"两个字。另外4幅图，也请你圈出正确的文字。

哭 笑

哭 笑

窗 户
开 关

窗 户
开 关

轻 重

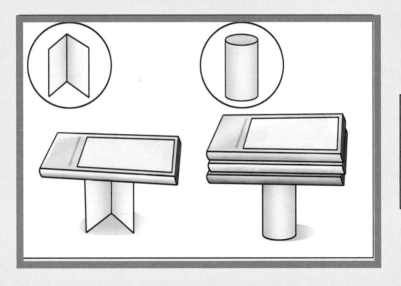

轻 重

少了什么东西

阳阳想去森林旅行，可是他身上少了5样东西，这5样东西是什么呢？请你说说看。

废物利用

这张脸是用下面的废弃物品拼出来的，小朋友，这些废弃物品在哪里？请指出来。

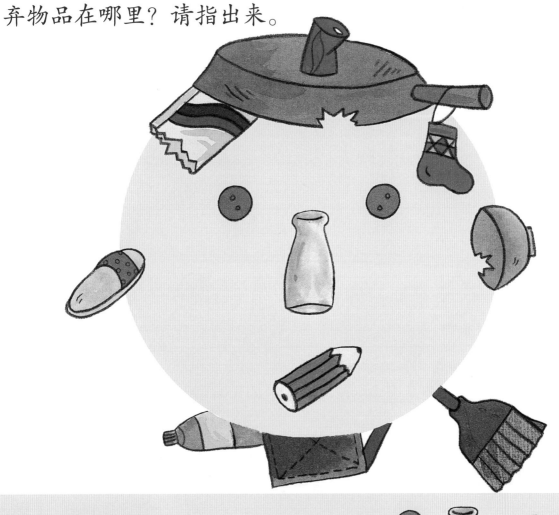

办年货

新年的时候，小熊和妈妈到市场去办年货，它们想买鱼、肉、糖果和春联。它们会到哪些摊位买东西呢？请把摊位圈出来。

15

奇怪的街道

街道看上去出现了好多奇怪的事，请小朋友圈出来，并说说到底什么地方奇怪。

客人来了

家里有客人来的时候，应该怎么做呢？在□中打√。

□ 向客人打招呼

□ 躲在妈妈后面

□ 请客人吃东西

□ 不理客人，自己看电视

到朋友家玩

你到朋友家去玩，应该怎么做呢？在□中打√。

□ 和朋友抢玩具

□ 在沙发上跳来跳去

□ 安静地看书

□ 和朋友一起玩游戏

到明明家

1. 要经过小桥。

2. 经过加油站旁边的红绿灯。

3. 绕过公园的小水池。

4. 再走过天桥。

5. 明和商店三楼就是明明家。

强强　娟娟　佑佑

明明

明和商店

明明请强强、娟娟、佑佑到他家玩，他们 3 个人要怎么走才能到明明家呢？请按照左边的提示，将路线画出来。

阿里巴巴和强盗

阿里巴巴发现家门上被强盗画上了记号，他要用什么方法才能不让强盗再找到他家呢？小朋友，请帮他想想办法。

圣诞礼物

平安夜，圣诞老爷爷是怎么把礼物送到小熊家的呢？请你把下面6幅图重新排序，并在○里分别填上数字1—6。